Sitzungsberichte
der Heidelberger Akademie der Wissenschaften
Stiftung Heinrich Lanz

Mathematisch-naturwissenschaftliche Klasse

Jahrgang 1927. 10. Abhandlung.

Intramolekulare Umlagerung optisch-aktiver Systeme

Von

Karl Freudenberg
in Heidelberg

Eingegangen am 19. Juni 1927
Vorgetragen in der Sitzung vom 19. Juni 1927

Berlin und Leipzig 1927
Walter de Gruyter & Co.
vormals G. J. Göschen'sche Verlagshandlung / J. Guttentag, Verlagsbuchhandlung / Georg Reimer / Karl J. Trübner / Veit & Comp.

Intramolekulare Umlagerung optisch-aktiver Systeme.

Die Umlagerungserscheinungen, bei denen die optische Aktivität erhalten bleibt, zerfallen in zwei Gruppen. Zur ersten gehören solche wie die Saccharin-Umlagerung[1]),

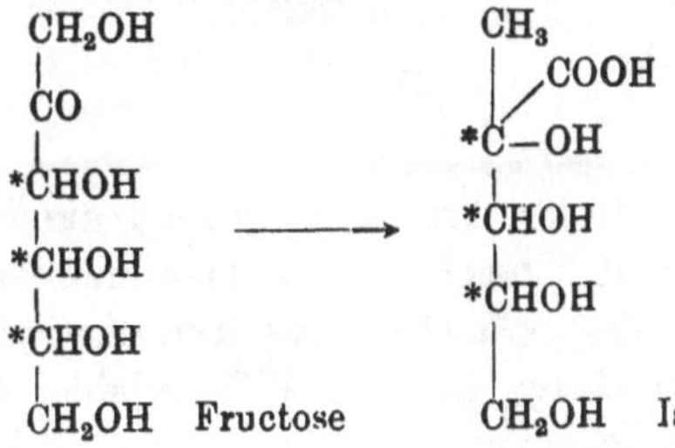

Fructose Isosaccharinsäure

oder die Umwandlung von aktivem Fenchylalkohol über das hypothetische Fenchenhydrat in Fenchen[2]), bei denen außer den von der Umlagerung betroffenen Asymmetriezentren weitere unbeteiligte im Molekül vorhanden sind und für die Erhaltung der Aktivität verantwortlich gemacht werden können.

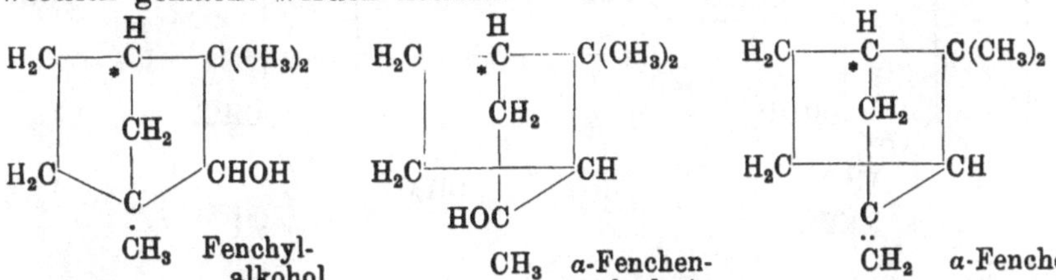

Fenchylalkohol α-Fenchenhydrat α-Fenchen

Die zweite Gruppe umfaßt solche Reaktionen, die sich nur an den Asymmetriezentren abspielen. Dieser Fall liegt vor bei der von A. McKenzie und W. S. Dennler[3]) gefundenen Umlagerung des optisch-aktiven α, α-Dibenzyl-β-(naphthyl-1) äthylenglykols (I) in das aktive α-Phenyl γ-benzyl-γ-α'-naphthyl-aceton (II)

---

[1]) Ihr Zusammenhang mit der Benzilsäureumlagerung: J. U. Nef, Ann. **376**, 1 (1910); H. Franzen und F. Schmitt B. **58**, 222 (1925).

[2]) Ruzicka und Fr. Liebl, Helv. **6**, 267 (1923); H. Meerwein und R. Wortmann, Ann. **435**, 200 (1924); H. Meerwein und F. Montfort, Ann. **435**, 213 (1924).

[3]) B. **60**, 220 (1927).

I II

sowie bei der Desaminierung des aktiven α, α-Diphenyl-β-amino β-benzyl-alkohols (III) zu aktivem Benzyl-desoxy-benzoin (IV), die nebst einem anderen ähnlichen Falle von A. McKENZIE, R. ROGER und G. O. WILLS[1]) beschrieben wurde.

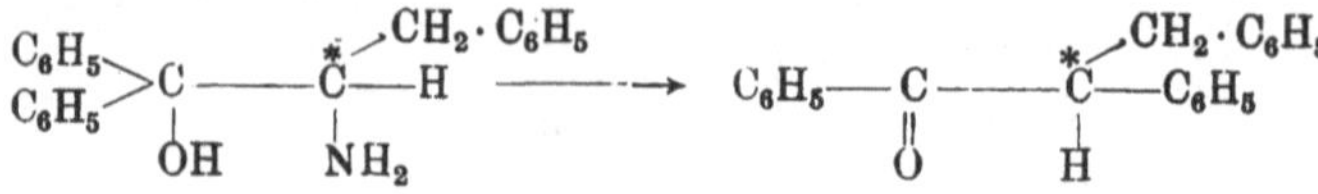

III IV

Das erste Beispiel dieser Art dürfte jedoch die von K. FREUDENBERG, G. CARRARA und E. COHN[2]) als Pinakolinumlagerung erkannte Umwandlung sein, die das optisch-aktive Tetramethyl-d-catechin (V) beim Übergange in das aktive Chlorid (VII) erleidet.[3])

Die Einwirkung des Phosphorpentachlorids auf das Tetramethyl-d-catechin (V) sollte zunächst zum normalen Chlorid (VI) führen.

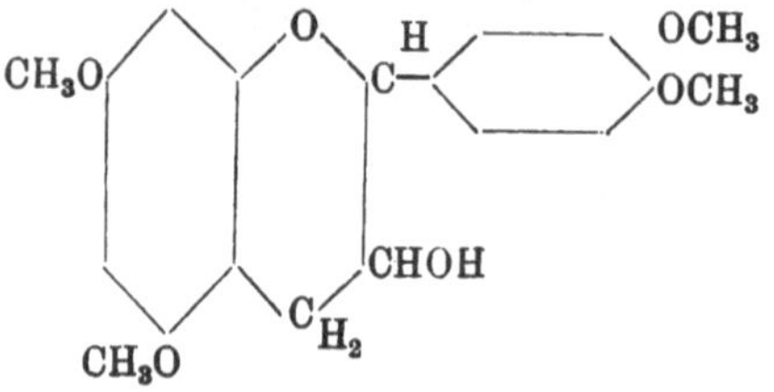

V

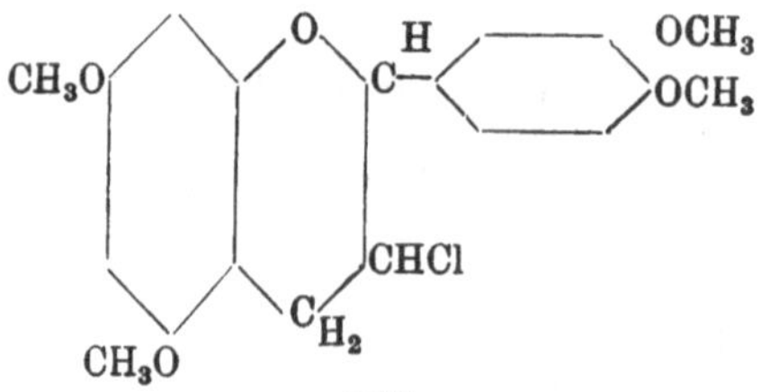

VI

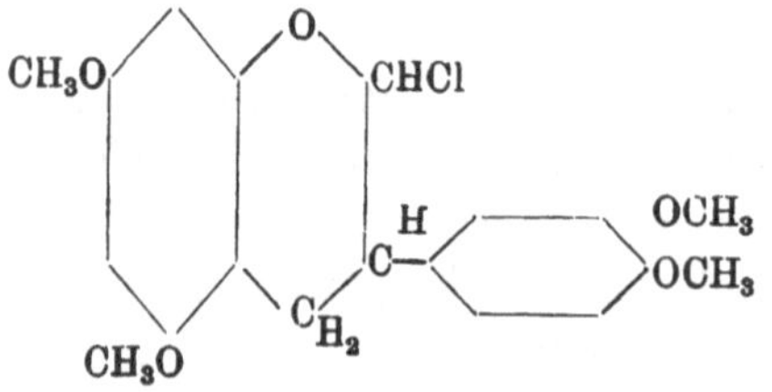

VII

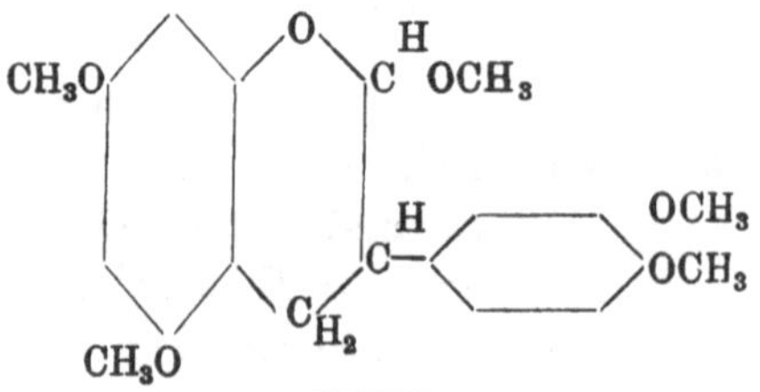

VIII

---

[1]) Journ. Chem. Soc. **1926**, 779; **1927**, 571.

[2]) Ann. **446**, 87 (1925).

[3]) J. DRUMM, M. MAC MAHON, H. RYAN, Proc. Irish Acad. **36** Sect. B. 41 (1923), 149 (1924).

Daß dem in guter Ausbeute gefaßten Chlorid jedoch statt der normalen Formel VI die eines Derivates des Isocatechins (VII) zugeteilt wird, hat seinen Grund darin, daß sämtliche Derivate dieses Chlorids, so z. B. der schon bei gewöhnlicher Temperatur entstehende Methyläther (VIII), Abkömmlinge des Isocatechins sind. Es ist nicht anzunehmen, daß der Pentamethyläther (VIII) durch eine Umlagerungsreaktion unmittelbar aus dem normalen Chlorid (VI) entsteht. Vielmehr ist in Einklang mit den unten angeführten Ergebnissen H. MEERWEINS anzunehmen, daß die Umgruppierung am Chlorid schon vollzogen ist und zwischen diesem und der hypothetischen Vorstufe (VI) stattfindet. Die Formel VII für das Chlorierungsprodukt des Tetramethylcatechins darf als gesichert gelten.

H. MEERWEIN und K. VAN EMSTER[1]) haben die Umwandlung des Camphen-hydrochlorids (IX) in das Isobornylchlorid (X)

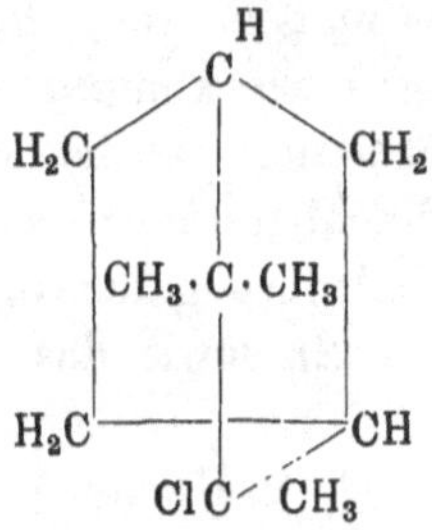

IX

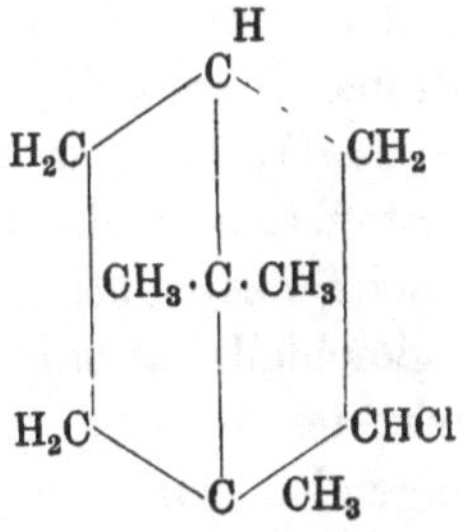

X

als eine Gleichgewichtsreaktion zwischen den zugehörigen Kationen erkannt.

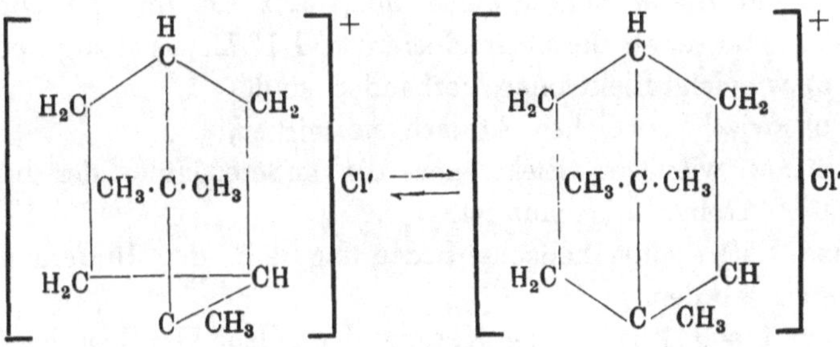

[1]) B. 55, 2500 (1922); ferner H. MEERWEIN, Ann. 453, 16 (1927).

Ganz entsprechend muß die vorliegende Umlagerung der Chloride formuliert werden:

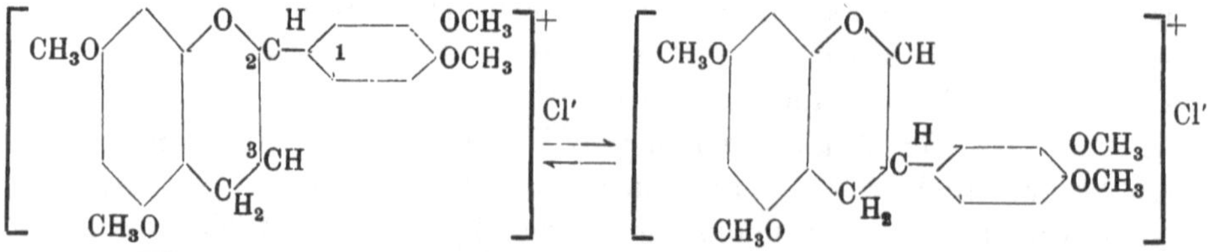

Wie in dem von Meerwein und van Emster beschriebenen Gleichgewichte das Isobornylchlorid so weitgehend überwiegt, daß das Camphenhydrochlorid lange Zeit unentdeckt blieb, tritt auch in unserem Falle das echte Tetramethyl-catechylchlorid (VI) so stark zugunsten der Isoform (VII) zurück, daß es noch nicht gefaßt werden konnte.

Die Abdissoziation eines Chlorions bedeutet für das Kohlenstoffatom, mit dem das Chloratom bisher verbunden war, den Verlust eines Elektrons. Man weiß, daß die Ladung eines komplizierten Ions, wie es hier das Kation ist, nicht streng lokalisiert werden kann, d. h. das Kohlenstoffatom sucht sich an den Nachbaratomen schadlos zu halten. Welche das sind, geht aus der Umlagerung hervor: das benachbarte gleichfalls asymmetrische C-Atom (2) sowie das anliegende des Veratrylrestes (1).

Im folgenden wird in Anlehnung an C. A. Knorr[1]) die C-C-Bindung durch zwei den verbundenen Atomen gemeinsame Elektronenbahnen ausgedrückt, zu denen jedes der beiden Atome ein Elektron beisteuert. Die außerhalb dieser Betrachtung stehenden Bindungen sind durch die üblichen Valenzstriche wiedergegeben. Jeden dieser Striche kann man als ein ebensolches Elektronenpaar ansehen. Ich bediene mich dieser Schreibweise nur, weil sie für die vorliegende Betrachtung besser als die allgemeinere von G. N. Lewis anzugeben vermag

a) wieviele Elektronen vorhanden sind,

b) zwischen welchen Atomen sie wirken,

c) aus wievielen Elektronen die äußere Hülle der beteiligten Atome aufgebaut ist.

Eine tiefere physikalische Bedeutung darf den Bildern nicht zugeschrieben werden.

Figur I soll den Teil der Kations darstellen, von dem das Chlorion abdissoziiert ist. Hier ist das Atom 3 allein vom Verluste des Elektrons betroffen. In Figur II oder der ähnlichen Figur III teilen sich die

---

[1]) Z. Anorg. **129**, 109 (1923).

Atome 2 und 3 in den Verlust des Elektrons dadurch, daß Atom 3 an der Bindung von Atom 1 teilnimmt. In Figur IV wird der Verlust des Elektrons vom Atom 2 allein getragen.

II und III sind Bilder für *ein und dieselbe* Zwischenstufe und sollen lediglich die Möglichkeit für eine homöopolare Bindung zwischen 3 Atomen andeuten. In Figur II ist angenommen, daß das von den Atomen 2 und 1 gestellte Elektronenpaar aufgeteilt wird in Elektronen auf selbständigen Bahnen. Atombindungen, an denen nur ein Elektron beteiligt ist, hat bereits C. A. Knorr vorgesehen, allerdings an gefärbten Verbindungen. E. B. R. Prideaux[1]) nimmt solche Bindungen auch bei den farblosen Halogeniden der 5. und 6. Gruppe an und Erich Müller bei der Wanderung von Atomen in neutralen Molekülen. Prideaux' Auffassung schließt sich neuerdings auch S. Sugden an (single-electron linkage, singlet).[3])

In Figur III würde das Elektronenpaar alle drei betroffenen Atome umfassen und an allen diesen Atomen eine Hülle von acht Elektronen herstellen. Auf diese Deutung wird weniger Gewicht als auf II gelegt.

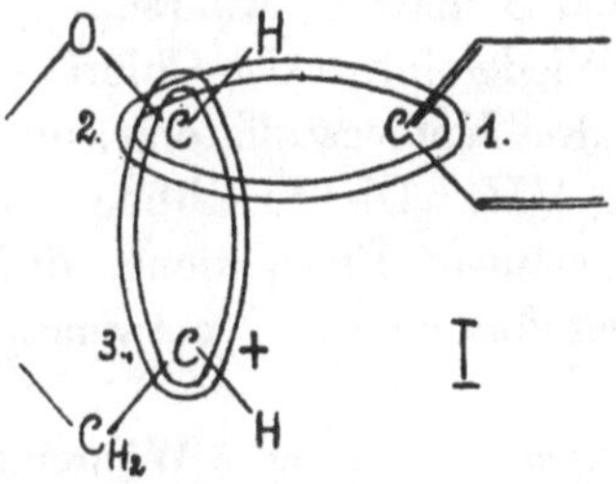

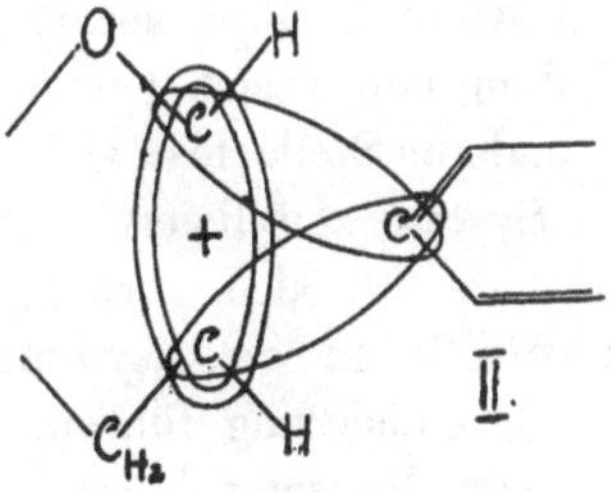

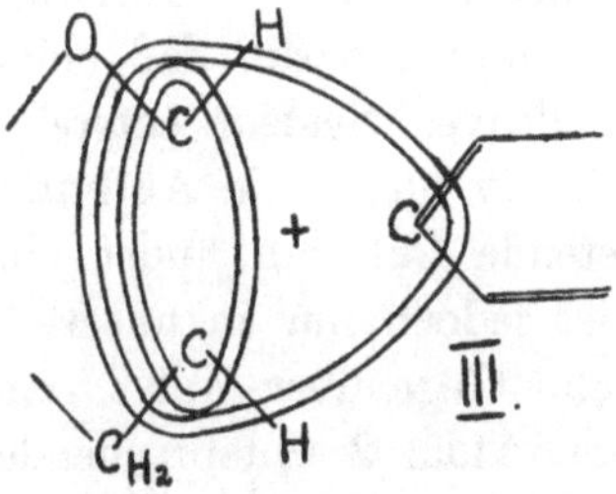

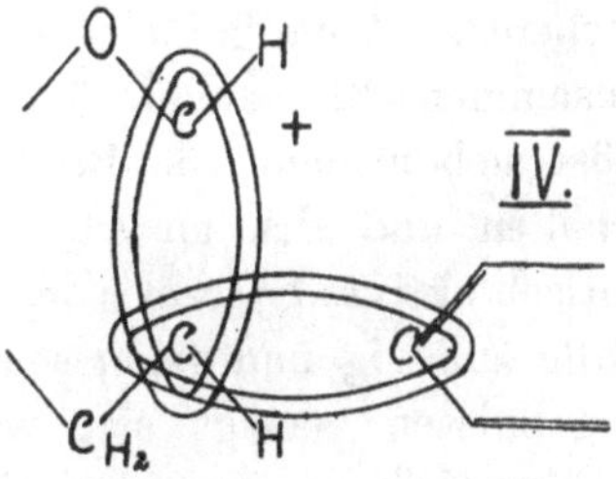

Die Hülle besteht in I am Atom	3	aus	6 Elektronen
	2		8
	1		8

Der Verlust des Elektrons wird vom Atom 3 getragen.

---

1) Chem. u. Ind. **42**, 672 (1923); **44**, 25 (1925); vergl. J. D. Main Smith, Chem. u. Ind. **44**, 944 (1925).

2) Z. f. Elektroch. **31**, 154 (1925).

3) Journ. Chem. Soc. **1927**, 1173.

Die Hülle besteht in II am Atom 3 aus 7 Elektronen
2 7
1 8
Der Verlust wird von Atom 2 und 3 getragen.

Die Hülle besteht in III am Atom 3 aus 8 Elektronen
2 8
1 8
Der Verlust wird von Atom 1, 2 und 3 getragen.

Die Hülle besteht in IV am Atom 3 aus 8 Elektronen
2 8
1 6
Der Verlust wird vom Atom 2 getragen.

Mit dieser als Hilfshypothese eingeführten Annahme homöopolarer Bindungen zwischen drei Atomen (Figur II und III) läßt sich unter Verwendung weiterer im übrigen geläufiger Vorstellungen die Erhaltung der optischen Aktivität deuten. Denn der Ablösung des Chlorions vom Atom 3 folgt sofort eine Bindung von 3 nach 1, während die Bindung von 2 nach 1 noch besteht. Durch Wiedereintritt des Chlorions an anderer Stelle löst sich der Verband der drei Kohlenstoffatome, und das System stabilisiert sich zur Verbindung VII. Die Erhaltung der Aktivität ist also zurückgeführt auf die geläufige Erscheinung, daß Substitutionen am asymmetrischen Kohlenstoffatom nicht notwendig zur Razemisierung führen.

Der Vorgang kann auch wie folgt dargestellt werden. Während das Chlor vom Atom 3 abdissoziiert, könnte dieses Atom die Aktivität verlieren. Atom 2 bleibt jedoch asymmetrisch und bewirkt, daß beim Zusammenschlusse von 3 und 1 wieder ein aktives System entsteht. Löst sich alsdann die Bindung von 1 nach 2, so bleibt die Aktivität erhalten und das an Atom 2 wieder eintretende Chlorion findet ein optisch-aktives System vor. Diese Deutung ist jedoch nur in unserem Falle zulässig und daher sehr unwahrscheinlich. Gegenüber MCKENZIES Ergebnissen versagt sie, weil hier das dem Atom 2 entsprechende Kohlenstoffatom symmetrisch ist (siehe unten).

Nun kann nach H. PHILLIPS[1]) die optische Aktivität auch dann erhalten bleiben, wenn ein Atom 3 verschiedene Substituenten und eine positive Ladung trägt, d. h. ein Elektron verloren hat. Auf den ersten Blick scheint dieser Fall hier gegeben zu sein. Aber die Folgerung H. PHILLIPS' bezieht sich auf semipolare Bindungen, in denen eine

[1]) Journ. chem. Soc. London **127**, 2558 (1925).

intramolekulare Ionisierung durch den Übergang eines Elektrons von einem Atom zum benachbarten anderen angenommen wird. In unserem Falle bestehen diese richtenden intramolekularen Gegensätze nicht und es muß die Erhaltung der Asymmetrie solchen oder ähnlichen kontinuierlichen Übergängen zugeschrieben werden, wie sie oben skizziert sind. Ob dabei Waldensche Umkehrung eintritt oder nicht, ist eine Frage für sich, die aus den entwickelten Vorstellungen zunächst nicht beantwortet werden kann.

Wenn man die Figuren I—IV in die gewöhnliche Formelsprache übertragen will, so muß man in Figur II für die Aufteilung des Valenzelektronenpaares am Atom 1 ein neues Zeichen einführen. Dies geschieht hier durch gestrichelte Linien, die aussagen, daß jede gestrichelte Bindung nur von einem Elektron bewirkt wird, das beiden verbundenen Atomen gehört; d. h. die gestrichelte Bindung drückt eine halbe „Covalenz“ aus. So gut wie für Figur II läßt sich diese vereinfachte Schreibweise auch für Figur III anwenden; hier bedeutet die gestrichelte Bindung, daß das Elektronenpaar, das die Covalenz bewirkt, vom Atom 1 her zwei andere Atome umspannt.

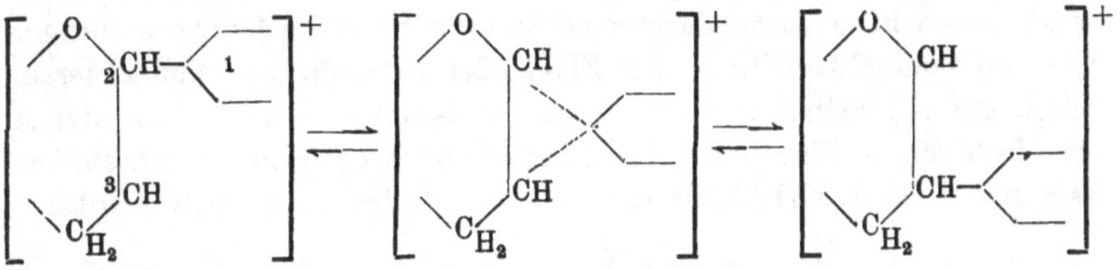

Das hypothetische ringförmige Zwischenprodukt darf nicht mit einem Trimethylenderivat verwechselt werden.

Die von McKenzie aufgefundenen Umlagerungen, bei denen die optische Aktivität erhalten bleibt, lassen sich nach dem oben gegebenen Schema folgendermaßen darstellen:

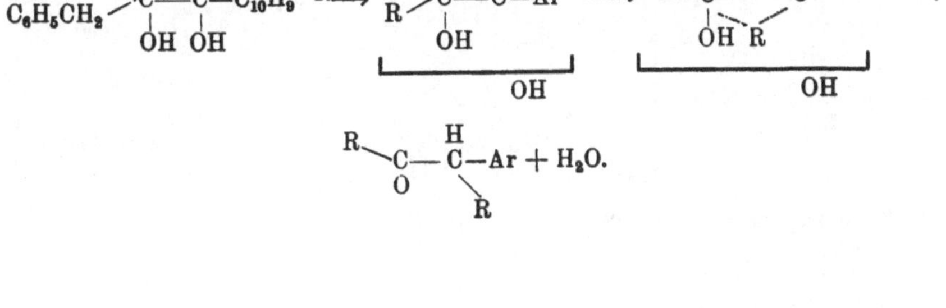

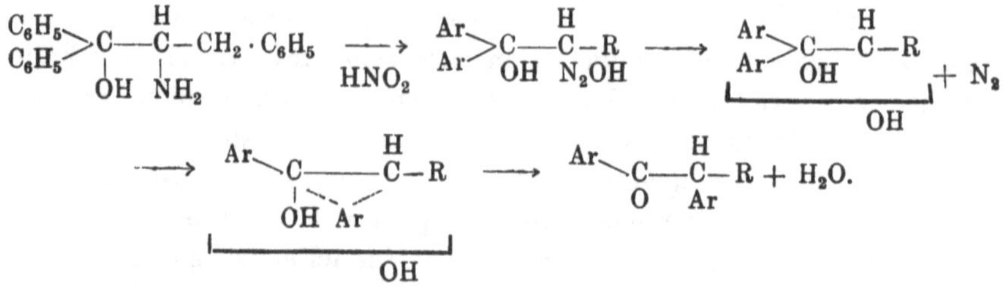

Daß die Amino-alkohole bei der Desaminierung Umlagerungen erleiden, die an den entsprechenden Glykolen und Äthylenoxyden nicht gefunden werden[1]), beruht auf der an der Aminogruppe erzwungenen Diazotierung und Stickstoffabspaltung, als deren erste Folge unbedenklich eine Ionisierung angenommen werden darf. Die in den Formeln eingesetzten Hydroxyl-ionen sind durch beliebige Anionen zu ersetzen

---

In diesem Zusammenhange ist das Verhalten des dem Tetramethylcatechin (V) diastereomeren Tetramethyl-epicatechins (gleichfalls V) von Interesse. Hier verläuft die Reaktion mit Phosphorpentachlorid durchaus anders; statt eines farblosen Chlorids wird ein tiefgefärbtes Oxoniumsalz gebildet. Der Vorgang ist so zu erklären, daß zuerst aus einem wiederum nicht faßbaren Carbinolchlorid der Formel VI unter sofortiger Chlorwasserstoffabspaltung das Flaven XI entsteht, das auf anderem Wege gut darstellbar und als Tetramethyl-anhydrocatechin beschrieben ist. Daß dieses Flaven mit Chlorwasserstoff sehr leicht ein Oxoniumsalz der Formel XII (?) bildet, ist schon früher festgestellt worden.[2])

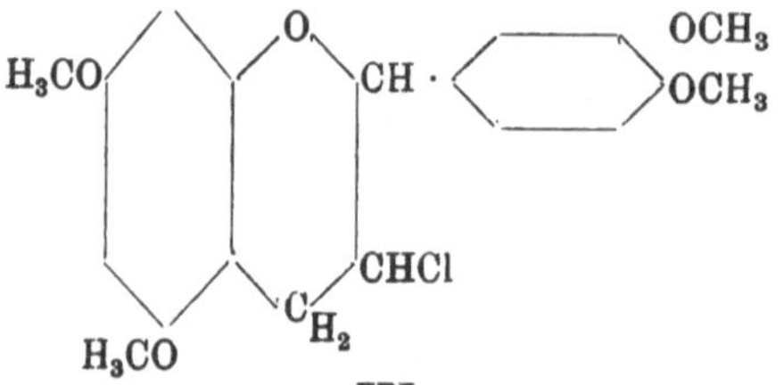

VI

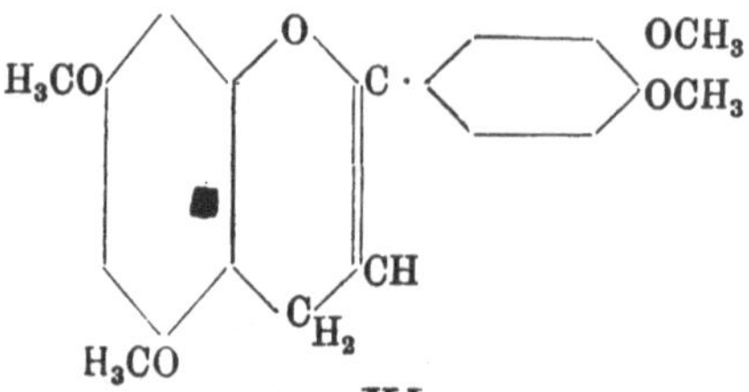

XI

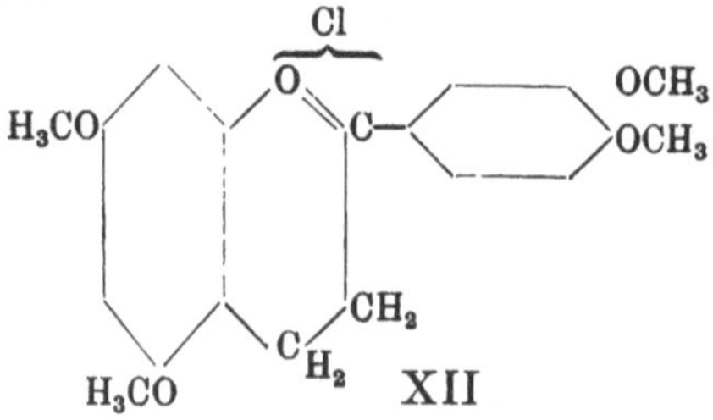

XII

[1]) Journ. Chem. **1926**, 779. [2]) Ann. **446**, 87 (1925).

Wenn man auf Grund dieses Materials die Umwandlung des Tetramethyl-catechins V und des Tetramethyl-epicatechins (gleichfalls V) mit Phosphorpentachlorid unter Berücksichtigung der sterischen Verhältnisse formulieren will, so liegt es nahe, dem Tetramethyl-catechin die Formel Va, dem Tetramethyl-epicatechin Vb zuzuschreiben.

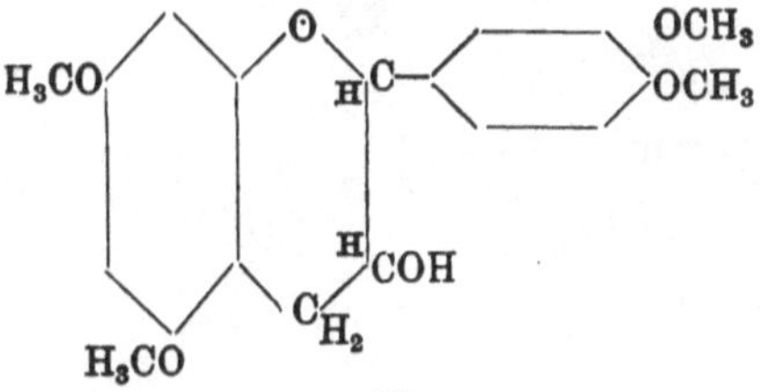

Va

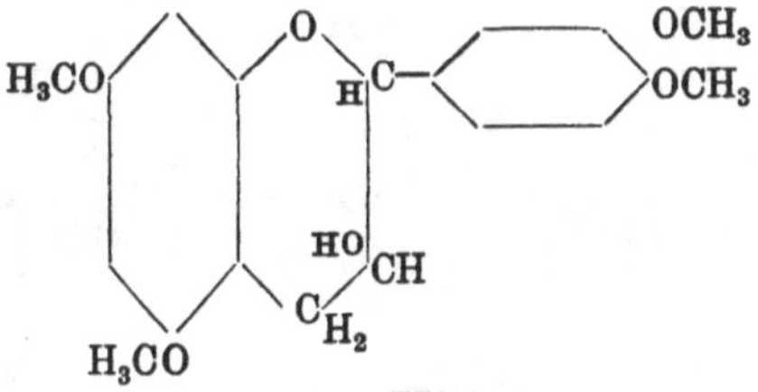

Vb

Dabei ist für das letztere eine Schreibweise gewählt, bei der an den beiden asymmetrischen Kohlenstoffatomen die Elemente des Wassers in cis-Stellung stehen. Es muß jedoch ausdrücklich darauf hingewiesen werden, daß die leichte Abspaltbarkeit des Wassers keineswegs ein zwingender Grund für diese Formulierung ist.[1]) Aus der so angenommenen Konfiguration des Tetramethyl-catechins und Tetramethyl-epicatechins würde sich ohne Rücksicht auf eine etwa eintretende Waldensche Umkehrung für die beiden nicht faßbaren Chloride die Konfiguration VIa und VIb ergeben.

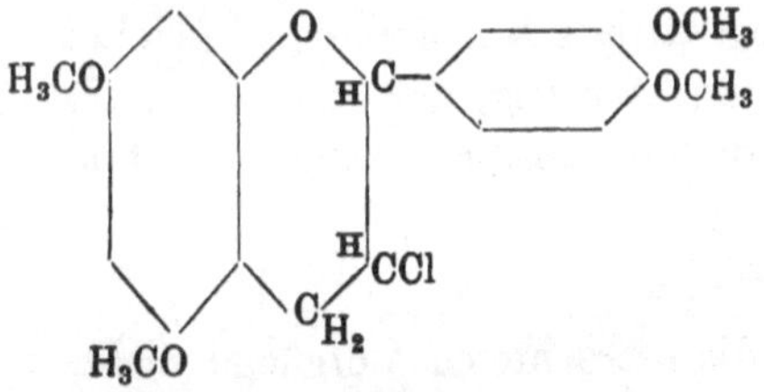

VIa

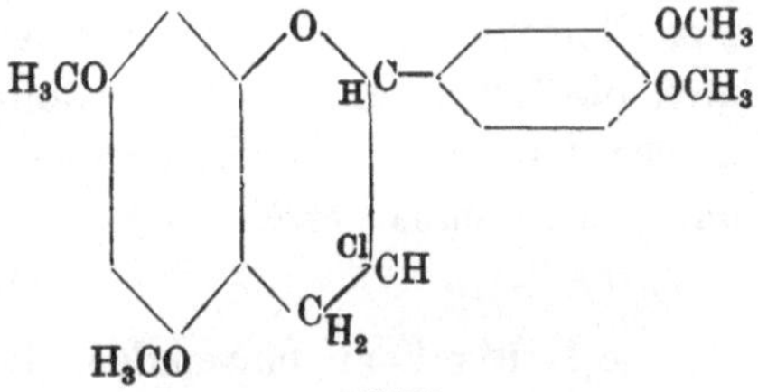

VIb

Das Chlorid VIa lagert sich sofort in das Chlorid VII um, während das Chlorid VIb auf der Stelle Chlorwasserstoff verliert und über das Flaven XI das Oxoniumsalz XII liefert.

[1]) Vergl. neuere Arbeiten von R. Kuhn, B. 59, 478 (1926), B. 58, 1429 (1925).

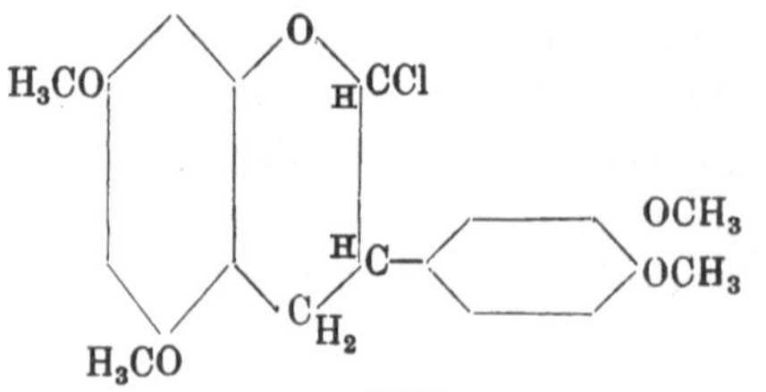

VII

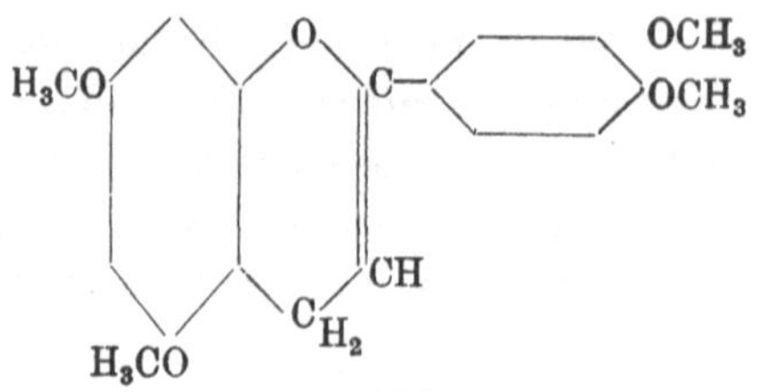

XI

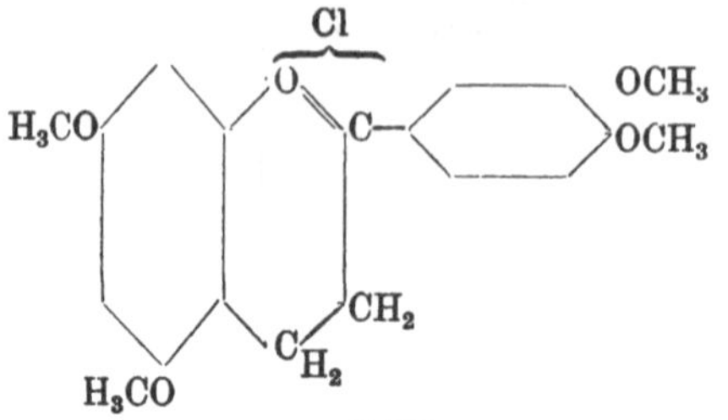

XII

Beiden Chloriden (VIa und b) ist die außerordentliche Unbeständigkeit, beruhend auf der Beweglichkeit des Chloratoms, gemeinsam. Wenn man nun nach dem Vorgange H. MEERWEINS der Umlagerung des hypothetischen Chlorids VIa in das Chlorid VII eine Ionisierung des Chlors vorausgehen läßt, so darf man dasselbe auch bei dem Chlorid VIb annehmen. Hier folgt dem Ionisierungsvorgange jedoch nicht die Umlagerung des Kations, sondern die Abspaltung eines Wasserstoffions, wodurch das Kation zum elektrisch neutralen Flaven XI wird. Damit wäre der Übergang des gesättigten Chlorids VIb unter Chlorwasserstoffverlust in eine ungesättigte Verbindung eingeleitet durch die Ionisierung des Chloratoms, ein Vorgang, der ganz allgemein für den Übergang der Halogenverbindungen in ungesättigte Verbindungen annehmbar erscheint.[1])

Die Kritik kann einwenden, daß die betrachteten Vorgänge nichts anderes sind als Substitutionen am asymmetrischen Kohlenstoffatom, und daß die Erhaltung der optischen Aktivität hier nicht weniger verwunderlich ist als z. B. beim Übergange von Alanin in Milchsäure unter der Einwirkung der salpetrigen Säure. Bei der Umwandlung des Chlorides VI in VII substituiert der Veratrylrest das Chlor und umgekehrt. MC KENZIES Fälle sind noch einfacher, weil hier nur ein asymmetrisches C-Atom substituiert wird. Diese Betrachtung ist richtig;

---

[1]) Anderer Ansicht ist K. ZIEGLER, A. 434, 44 und 45 (1923).

die obigen Darlegungen bedeuten keinen Gegensatz hierzu, sondern eine Erläuterung des Vorganges. In den geschilderten Fällen wird die Substitution (Umlagerung) ausgelöst durch die von H. MEERWEIN bewiesene Jonisierung; es ist gezeigt worden, in welcher Weise die entstandene Lücke möglicherweise ausgefüllt wird. Ein winziger Schritt führt von hier aus weiter zu der Vorstellung, daß der Jonisierung bereits jene durch die Elektronenbilder II oder III dargestellte Verquickung der sich umlagernden Atome vorausgeht; tatsächlich lassen sich mit Leichtigkeit die Chloride VI und VII in Analogie zum Elektronenbilde II durch Einfügung von semipolar gebundenem Chlor darstellen. Mit dem Vorteile, daß alsdann die Pinakolin-umlagerung in allen Phasen als ein kontinuierlicher Vorgang (ohne Auftreten von Radikalen[1]) gekennzeichnet wäre, erhebt sich die Forderung, dementsprechend bei allen Substitutionen Additionsprodukte und Zwischenstufen mit Bindungen durch einzelne Elektronen anzunehmen. Diese Folgerung scheint erwägenswert.

---

[1]) Gegensätzliche Auffassung bei der Umlagerung nach CURTIUS: L. W. JONES und E. S. WALLIS, Am. Soc. 48, 169 (1926).

FSC
www.fsc.org
MIX
Papier | Fördert
gute Waldnutzung
FSC® C083411

Kolibri 360 GmbH
Ferdinand-Jühlke-Straße 7
99095 Erfurt, Deutschland
produktsicherheit@kolibri360.de